Bibliografische Information der Deutschen Nationalbibliothek:

Die Deutsche Bibliothek verzeichnet diese Publikation in der Deutschen Nationalbibliografie; detaillierte bibliografische Daten sind im Internet über http://dnb.d-nb.de/ abrufbar.

Impressum:

Druck und Bindung: Books on Demand GmbH, Norderstedt Germany
ISBN: 9783668327221

Dieses Buch bei GRIN:

http://www.grin.com/de/e-book/342678/teilchenbeschleuniger-erklaerung-des-aufbaus-und-der-funktionen

Jonas Martin

Teilchenbeschleuniger. Erklärung des Aufbaus und der Funktionen

GRIN Verlag

Inhaltsverzeichnis

1. Physikalische Grundlagen für Teilchenbeschleuniger

1.1 Beschleunigung geladener Teilchen

In einem Teilchenbeschleuniger werden, je nach Anwendungsbereich unterschiedliche, jedoch immer geladene Teilchen beschleunigt. Dies können einfache Elektronen oder Protonen sein, allerdings auch deren Antiteilchen (Positronen und Antiprotonen), aber auch Ionen schwererer Atomkerne.

Diese durchlaufen im Beschleunigungsprozess immer eine sogenannte Beschleunigungsspannung U_a, welche die kinetische Energie E_{kin} und damit deren Geschwindigkeit v erhöht. Die kinetische Energie wird dabei aus der vorhandenen potentiellen Energie

$$E_{pot} = q * U_a \qquad (1)$$

umgewandelt. q ist hier die Ladung des beschleunigten Teilchens und U_a, wie bereits erwähnt, die Beschleunigungsspannung.

Die Energie, die ein Teilchen bei einer Beschleunigung durch eine Beschleunigungsspannung von $U_a = 1V$ erhält, entspricht einem Elektronenvolt (eV). Ein Elektronenvolt entspricht $1{,}6 * 10^{-19}$ Joule.

Typische Energien bei großen Teilchenbeschleunigern bewegen sich in der Größenordnung von Giga- bis Teraelektronenvolt (zum Beispiel: Maximalenergie am LHC beträgt 14 TeV, diese ist jedoch aufgeteilt auf zwei Strahlen von je 7 TeV).[1]

1.2 Geladene Teilchen

Wie im vorherigen Abschnitt erwähnt, können nur Teilchen beschleunigt werden, welche eine Ladung besitzen, also nach außen hin nicht elektrisch neutral sind. Nur so kann auf sie eine elektrische Kraft wirken, welche für die Beschleunigung verantwortlich ist. Da aber in den meisten Fällen

1.2.1 Elektronen

Um Elektronen beschleunigen zu können, dürfen sie nicht mehr an Atome gebunden sein. Sie liegen dann als freie Elektronen vor. Um diese zu erhalten, müssen sie aus dem Ausgangstoff emittieren. Dies kann auf verschiedene Weisen stattfinden: Am bedeutendsten für Teilchenbeschleuniger ist der glühelektrische Effekt. Dieser tritt bei heißen, wie der Name impliziert, glühenden Metallen auf. In den meisten Anwendungsfällen wird dies durch eine, durch Stromfluss erhitzte Glühwendel erzielt. Dadurch, dass die Temperatur eng mit der mittleren Teilchenbewegung in einem Stoff verknüpft ist, kann man annehmen, dass je höher die Temperatur ist, desto höher ist die mittlere kinetische Energie der einzelnen Teilchen in selbigem.[2]

So ist auch die kinetische Energie der Elektronen in einem heißen Metalldraht irgendwann groß genug, um die elektrische Anziehung zurück in das nun positiv ionisierte Metall zu überwinden und aus dem Glühwendel auszutreten.[3]

Auf diesem Prinzip beruht die Kathodenstrahlröhre (Braun'sche Röhre), auf welcher wiederum die ersten Oszilloskope und Röhrenfernseher basieren. Weitere Anwendungen für freie Elektronen, neben

---

[1] Lemmer, Boris: Bis(s) ins Innere des Protons, 2014, Seite 147-150

[2] http://www3.kis.uni-freiburg.de/~ovdluhe/Lehre/Einfuehrung_Physik_I/material/EP1_Waerme_01_BW.pdf (30.Dezember.2015)

[3] http://www.physics.csbsju.edu/370/thermionic.pdf Seite 1 (30.Dezember.2015)

Forschung in Teilchenbeschleunigern, sind in Elektronenmikroskopen oder bei der Erzeugung von Röntgenstrahlung zu finden.

Neben dem glühelektrischem Effekt gibt es noch andere Effekte wie den äußern Photoeffekt, bei welchem die Elektronen durch Anregung durch Photonen emittiert werden oder die Feldelektronenemission, bei welchem die Elektronen durch ein starkes elektrisches Feld zum Austritt bewegt werden (Feldstärken von $> 10^9 \frac{V}{m}$).[4]

1.2.2 Protonen/Ionen

Neben negativ geladenen Teilchen werden oft auch meist positive Teilchen beschleunigt. Dies sind meist positiv-ionisierte Atome[5], das heißt es werden Elektronen von dem Atomrümpfen entfernt. So zum Beispiel auch bei der Beschleunigung von Protonen, welche einfach ionisierte Wasserstoffatome sind. In Teilchenbeschleunigern wird dies mit unterschiedlichen Methoden erreicht. Bei allen Methoden, die das positiv-Ionisieren zum Ziel haben, versucht man dem neutralem Atom die entsprechende Ionisierungsenergie zuzuführen (Bsp.: $1312 \frac{kJ}{mol}$ bei Wasserstoff)[6].

Die am meisten angewandte Methode ist die sogenannte Elektronenstoßionisation. Bei dieser werden zunächst freie Elektronen erzeugt, welche dann auf ein Gas oder Feststoff der gewünschten Strahlsorte beschleunigt werden. Dort schlagen sie Elektronen aus der Atomhülle hinaus, sodass Ionen entstehen. Insgesamt entsteht ein Plasma aus Elektronen und positiven Ionen. Anschließend werden die Ionen durch eine angelegte Spannung aus der Ionenquelle herausbeschleunigt und durch die entgegengesetzte Ladung von den freien Elektronen gereinigt.[7]

Eine andere Methode zur weiteren Ionisierung ist der Beschuss eines Targets (zum Beispiel Beryllium), wodurch aufgrund Wechselwirkungen der Projektile mit den Targetionen von letzterem Elektronen abgestreift werden. Die hier wirkende Wechselwirkung ist die Rutherford-Streuung.[8]

Eine weitere Ionisationsmethode ist die Feldionisation. Hier wird ein Atom in ein starkes elektrisches Feld eingebracht und so wirkt auf die negativen Elektronen eine elektrische Kraft in die entgegengesetzte Richtung als die positiven Atomkerne. Bei der entsprechenden Anlage vom LHC-Vorbeschleuniger LINAC II werden so circa 70% der eingespeisten Wasserstoffatome ionisiert.[9] Hierfür sind Feldstärken von $\sim 25 \frac{GV}{m}$ nötig (für $H \longrightarrow H^+$).[10]

Letztendlich ist noch die thermische Ionisierung zu erwähnen, bei welcher die Stoffe stark aufgeheizt werden und so die Ionisierungsenergie überschritten wird, sowie die Ionisierung durch Strahlung, bei welcher die Ionisierungsenergie durch elektromagnetische Wellen zugeführt wird.[11]

---

[4] Gaede, Peter-Matthias (Hrsg.):GEO Themenlexikon Band 6, 2007, Seite 225,280,314

[5] Klein, Holger: Resonator – der Forschungspodcast der Helmholtz-Gemeinschaft Folge 36 ‚Schwerionenforschung' ab Minute 2:35

[6] Wert aus der App ‚Merck PSE' (02.01.2016)

[7] https://www.gsi.de/forschungbeschleuniger/beschleunigeranlage/ionenquellen/startpunkt_der_gsi_beschleunigeranlage_ionenquellen.htm (02.01.2016)

[8] Klein, Holger: Resonator – der Forschungspodcast der Helmholtz-Gemeinschaft Folge 36 ‚Schwerionenforschung' ab Minute 2:50

[9] http://www.lhc-closer.es/taking_a_closer_look_at_lhc/0.proton_source (02.01.2016)

[10] http://universal_lexikon.deacademic.com/142066/Feldionisation (02.01.2016)

[11] Gaede, Peter-Matthias (Hrsg.):GEO Themenlexikon Band 7,2007, Seite 560

1.3 Bedeutung von Magnetfeldern

Die wenigsten Teilchenbeschleunigern sind reine Linearbeschleuniger, bei den meisten müssen die Teilchen mindestens einmal in eine Kreisbahn geschickt werden, sei es bei kreisförmigen Beschleunigern (zum Beispiel Synchrotron oder Zyklotron) oder wenn der Strahl nach der Beschleunigung auf verschiedene Experimente verteilt werden muss.

Auch zur Strahlfokussierung werden Magnete eingesetzt. Hier lenken die Magnete die Teilchen jeweils nach oben/unten oder links/rechts ab, um sie im Zentrum des Strahlrohres zu halten.

1.3.1 Lorentzkraft

Die Kraft, die auf geladene Teilchen in Magnetfeldern beziehungsweise elektrischen Feldern wirkt, bezeichnet man als Lorentzkraft. Sie ist benannt nach dem niederländischem Physiker und Mathematiker Hendrik Antoon Lorentz. Sie ist definiert als

$$\vec{F}_L = q(\vec{E} + \vec{v} \times \vec{B}) \qquad (2)$$

Hierbei ist $\vec{F}_L$ die resultierende Lorentzkraft, die auf eine Ladung q, welche die Geschwindigkeit $\vec{v}$ besitzt und sich in einem elektrischen Feld $\vec{E}$, sowie einem Magnetfeld $\vec{B}$ befindet.

Die Kraft hat zwei Komponenten: Die eine beschreibt wie das Teilchen sich verhält, wenn es in ein elektrisches Feld eintritt ($q * \vec{E}$). Die andere Komponente ($q * \vec{v} \times \vec{B}$) beschreibt das Verhalten in einem Magnetfeld. Diese Komponente ist aber nur relevant, wenn sich das Teilchen bewegt, da sonst $\vec{v} \times \vec{B} = 0$ und somit keine Kraft auf die Ladung ausgeübt wird.[12]

Veranschaulichen kann man sich die Richtung der ausgeübten Lorentzkraft mit der Drei-Finger-Regel. Dafür stellt man Daumen, Zeige- und Mittelfinger jeweils im rechten Winkel zueinander. Hierbei repräsentiert der Daumen die Geschwindigkeit $\vec{v}$ der Elektronen, der Zeigefinger die Richtung des Magnetfeldes $\vec{B}$ und der Mittelfinger die Ablenkung durch das Magnetfeld, also die Lorentzkraft.

1.3.2 Magnete als Bauteile von Teilchenbeschleunigern

1.3.2.1 Dipolmagnete

Dipolmagnete werden hauptsächlich zur Ablenkung der Strahlen genutzt. Es handelt sich in den meisten Fällen um Elektromagnete. Dies ist daher wichtig, da die durch verschiedene Projektile oder unterschiedlich starke Beschleunigung die Flussdichte des Magnetfeldes variiert werden muss. Dies wird aus folgender Formel ersichtlich:

$$B = \frac{vm}{rq} \qquad (3)$$[13]

Einsatzgebiete sind Ringbeschleuniger, wo der Strahl konstant auf einer Kreisbahn gehalten werden muss, allerdings eignen sie sich auch gut als Selektier- oder Umschaltmagnete.

Selektiermagnete dienen der Reinigung des Strahls, wenn verschiedene Strahltypen verwendet werden. Sie befinden sich an einer Krümmung des Strahlrohres und die Flussdichte des Magnetfeldes muss nach (3) genau auf die gewünschte Strahlsorte eingestellt werden, um die Teilchen exakt umzulenken. Bei schwereren Teilchen ($m \uparrow$) müsste das Magnetfeld stärker sein, was wiederum bedeutet, dass die Teilchen nicht stark genug abgelenkt werden, um in der Bahn gehalten zu werden.

[12] Vgl. Lemmer, Boris: Bis(s) ins Innere des Protons, 2014, Seite 28

[13] Herleitung Siehe Anhang

Abbildung 1 Selektiermagnet des Rosenau-Beschleunigers; Eigene Aufnahme

Bei leichteren Teilchen tritt ein ähnlicher Effekt auf, jedoch müsste hier das Magnetfeld schwächer sein, sodass die Teilchen zu stark abgelenkt werden und so ebenfalls die Bahn verlassen.
Umschaltmagnete werden dazu genutzt, entweder den Strahl aus einem Ringbeschleuniger zu extrahieren oder einen Strahl auf mehrere Experimente zu verteilen.[14]

1.3.2.2 Quadrupolmagnete

Durch verschiedene Einflüsse von außerhalb des Beschleunigers, wie zum Beispiel durch Züge induzierte Störströme oder die Gravitationswirkung des Mondes[15], sowie durch Stöße der beschleunigten Teilchen gegeneinander oder die Wirkung der Coulombkraft untereinander defokussiert sich der Strahl mit zunehmender zurückgelegter Strecke immer mehr. [16]

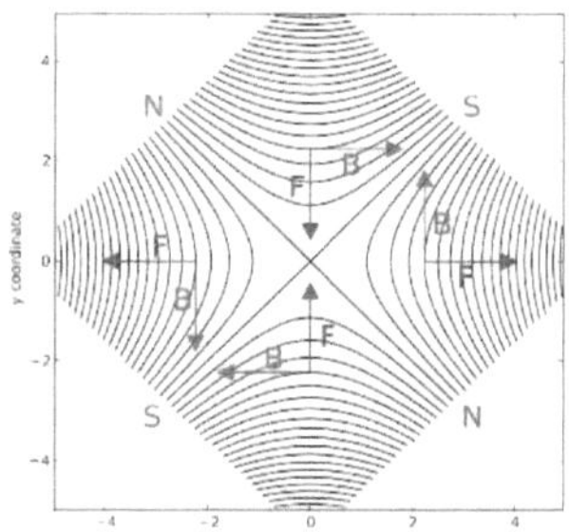

Abbildung 2 https://upload.wikimedia.org/wikipedia/en/thumb/0/07/Magnetic_field_of_an_idealized_quadrupole_with_forces.svg/1024px-Magnetic_field_of_an_idealized_quadrupole_with_forces.svg.png

Um diesem Prozess entgegenzuwirken und den Strahl zusätzlich zu fokussieren, sind auf der Strahlstrecke Quadrupolmagnete verbaut. Sie bestehen aus jeweils zwei Nord- und Südpolen, welche sich jeweils gegenüber stehen (siehe Abbildung 2).

In einem einzelnen Quadrupolmagnet wird der Strahl durch die Lorentzkraft immer in eine Richtung fokussiert während er in die andere Richtung defokussiert wird. Dies wird in der Abbildung 2 (Protonenstrahl in die Papierebene hinein) anhand der blauen Vektoren deutlich, welche die wirkende Lorentzkraft veranschaulichen. Man sieht, dass Teilchen, die sich schon in x-Richtung bewegen, weiter in diese Richtung abgelenkt werden, jedoch Teilchen die in y-Richtung von der Mitte abweichen durch die Lorentzkraft wieder in das Zentrum bewegt werden.

Aufgrund dieses Effekts sind immer zwei Quadrupolmagnete hintereinander verbaut, wobei der zweite um 90° gedreht ist und so eine Fokussierung in die Richtung bewirkt, in welche der vorausgehende Magnet defokussierend wirkte.

Dieser Aufbau ist eine Methode den Strahl zu bündeln, ihm eine geringere Emittanz zu verleihen. Weitere Methoden dazu werden im folgenden Kapitel vorgestellt.

---

[14] Diebold, Sebastian: Bestimmung der Stöchiometrie supraleitender Proben mittels Rutherford-Rückstreu-Spektrometrie, 2010, Seite 12/13

[15] Lemmer, Boris: Bis(s) ins Innere des Protons, 2014, Seite 165

[16] http://www.lhc-facts.ch/index.php?page=quadrupol (08.01.16)

1.4 Weitere Methoden zu Strahlkühlung

Die Temperatur eines Teilchenstrahles entspricht der kinetischen Energie der Teilchen in einem Strahl. Sie unterteilt sich in die transversale (Schwingung quer zur Bewegungsrichtung) und longitudinale (parallel zur Bewegungsrichtung) Temperatur.[17]

Ziel ist es, diese Temperatur möglichst niedrig zu halten und damit einen stark fokussierten Strahl zu erhalten, um beispielsweise möglichst viele Kollisionen von Teilchen hervorzurufen.

1.4.1 Elektronenkühlung

Die Elektronenkühlung wurde erstmals 1966 durch G. Budker vorgeschlagen und kam erstmals 1974 zum Einsatz.[18]

Bei der Elektronenkühlung wird parallel zum Ionenstrahl ein Elektronenstrahl eingespeist. Dieser besitzt eine geringe Temperatur, ist also stark gebündelt und bewegt sich fast perfekt gerade. Nun stoßen sich die Ionen an den Elektronen, welche den transversalen Impuls aufnehmen. Dadurch steigt die Temperatur des Elektronenstrahls, jedoch wird dieser nach wenigen Metern wieder ausgekoppelt und durch einen neuen ‚kühlen' Strahl ersetzt.[19] Der Impuls wird durch die Coulomb'sche Wechselwirkung übertragen.

1.4.2 Stochastische Kühlung

Die stochastische Kühlung wurde von 1968 Simon van der Meer am CERN erfunden, um Antiprotonen in den SPS einzubringen. Er erhielt dafür 1984 einen Teil des Nobelpreises für Physik. [20]

Der Name ‚stochastische Kühlung' rührt daher, dass nicht einzelne Projektile ‚gekühlt' werden, sondern immer ganze ‚Päckchen'. Ein sogenannter Pickup misst an einer Stelle die Position des Strahles und misst damit, ob er korrigiert werden muss. Er sendet dieses Signal an den sogenannten Kicker, welcher die Teilchen dann entsprechend beeinflusst.

Das System ist nur bei Ringbeschleunigern praktikabel, da das Signal vom Pickup zum Kicker schneller ankommen muss als die Projektile selbst, welche sich meist mit annähernder Lichtgeschwindigkeit bewegen. [21]

---

[17] http://homepages.physik.uni-muenchen.de/~Otmar.Biebel/beschleuniger/beschleuniger_14.pdf (08.01.2016)

[18] https://de.wikipedia.org/wiki/Elektronenk%C3%BChlung (08.01.2016)

[19] Siehe Fußnote 17

[20] Siehe Fußnote 17

[21] Lemmer, Boris: Bis(s) ins Innere des Protons, 2014, Seite 169

1.5 Vakuum

In jeglichen Teilchenbeschleunigern ist ein Vakuum Voraussetzung, um effektiv mit den Teilchenstrahlen arbeiten zu können. Wäre kein Vakuum vorhanden, würde die Streuung der Projektile mit dem Gas zu hoch sein. Sie würden Energie verlieren, außerdem würde der Strahl relativ schnell unfokussiert werden. Der Verlust an Energie ist dahingehend problematisch, da die Teilchen dadurch abgebremst werden und so nicht weit sich weiterbewegen würden. Einige Strecken, die beschleunigte Teilchen in Luft zurücklegen würden, sind in Tabelle 1 angegeben.

Tabelle 1 Reichweite von H^+ und He^{2+} Ionen in Luft nach SRIM vor J.F. Ziegler und J.P. Biersack

Teilchenart	Energie	Reichweite	Teilchenart	Energie	Reichweite
H^+	2 MeV	5,441 cm	$He^{2+} \rightarrow \alpha$	2 MeV	0,779 cm
H^+	4 MeV	17,524 cm	$He^{2+} \rightarrow \alpha$	4 MeV	1,319 cm
H^+	8 MeV	58,485 cm	$He^{2+} \rightarrow \alpha$	8 MeV	5,531 cm

Weitere Auswirkungen von Restgas in einem Beschleuniger sind die gegenseitige Ionisierung von Projektilen und dem vorhandenen Restgas. Dadurch können Elektronen frei werden, welche durch entgegengesetzte Beschleunigung und die schwächere Ablenkung in Magnetfeldern auf Metalloberflächen treffen, wo sie Röntgenstrahlung erzeugen. Zudem kann es durch Kohlenwasserstoffverbindungen zu Verunreinigungen kommen.[22]

So herrscht zum Beispiel im LHC am CERN ein Hochvakuum von ungefähr $1 * 10^{-8} Pa$, was geringer ist als der Druck, welcher auf dem Mond herrscht.[23] Am Rosenau-Beschleuniger in Tübingen arbeitet man mit Drücken in Größenordnungen von 10^{-4} bis $10^{-5} Pa$.[24]

2. Typen von Teilchenbeschleunigern

2.1 Lineare Beschleuniger

2.1.1 Van-de-Graaff-Beschleuniger/Tandembeschleuniger

Der Van-de-Graaff-Beschleuniger wurde 1930 von Robert Jemison van de Graaff erfunden. In ihm wird die Beschleunigungsspannung durch einen Van-de-Graaff-Generator erzeugt. Hier werden durch ein mit Motoren angetriebenes, aus einem Isolator (meist Kunststoff) bestehendes Endlosband positive Ladungen erzeugt, welche zum sogenannten Terminal transportiert werden. Diese Metallhalbkugel lädt sich in der Folge auf Hochspannung gegenüber der Erdung auf, mit einer Potentialdifferenz von mehreren Megavolt. Um Überschläge zu verhindern, befindet sich die gesamte

Abbildung 3 Van-de-Graaff Beschleuniger der Universität Tübingen, eigene Aufnahme

[22] Diebold, Sebastian: Diebold, Sebastian: Bestimmung der Stöchiometrie supraleitender Proben mittels Rutherford-Rückstreu-Spektrometrie, 2010, Seite 12/13

[23] http://www.weltmaschine.de/cern_und_lhc/lhc/zahlen_und_fakten/ (17.01.16)

[24] Diebold, Sebastian: Diebold, Sebastian: Bestimmung der Stöchiometrie supraleitender Proben mittels Rutherford-Rückstreu-Spektrometrie, 2010, Seite 13

Apparatur in einem Druckgefäß, welches mit einem Schutzgas gefüllt ist (meist SF_6 oder CO_2). In der Nähe des Terminals sind sogenannte Points vorhanden, welche mittels Coronastroms die Spannung auf dem Terminal konstant halten.

Innerhalb des Terminals, im feldfreien Raum, befindet sich die Ionenquelle. Die dort ionisierten Gasteilchen werden mithilfe elektrischer Felder aus der Quelle extrahiert und fokussiert. Sie befinden sich nun am Beginn des Strahlrohrs. Hier wirkt auf sie die starke, abstoßende elektrische Kraft auf die Ionen, da sie wie das Terminal, positiv geladen sind. Sie werden so in das Strahlrohr hinein beschleunigt, um welches sich Metallringe befinden. Diese sind über hochohmige Widerstände untereinander und mit dem Terminal verbunden, also auch positiv geladen. Mit zunehmender Beschleunigungsstrecke nimmt durch die Widerstände zwischen den Ringen, das Potential an den Ringen ab. So entsteht zwischen den Ringen jeweils ein homogenes elektrisches Beschleunigungsfeld. Dieser Teil befindet sich komplett im Drucktank. Weitere beschleunigende Einheiten gibt es in der Regel nicht. Auf dem Weg zum Target befinden sich nur noch Bauteile, die den Strahl ablenken oder bündeln (Elektromagnete). Die Energien, die mit solchen Beschleunigern erreicht werden können, liegen im niedrigem MeV Bereich (z.B.: Rosenaubeschleuniger = 3 MeV). [25] [26]

Eine Weiterentwicklung ist der sogenannte Tandembeschleuniger. Er wurde 1961 von Allan Bromley konstruiert.[27] Hier werden zunächst negativ geladene Ionen außerhalb des Terminals erzeugt. Diese werden dann mit der Beschleunigungsspannung zum (positiv geladenen) Terminal hin beschleunigt. Dort treffen sie auf einen Stripper, meist eine Kohlenstofffolie, welche den Projektilen Elektronen abstreift.[28] Diese, nun positiven, Ionen werden nun wieder vom Terminal weg beschleunigt, analog zum einfachen Van-de-Graaff-Beschleuniger. Der Vorteil gegenüber diesem ist, dass jedes Projektil die Beschleunigungsspannung zweimal durchläuft, also nach dem Beschleunigen ungefähr die doppelte Energie bei gleicher Terminalspannung hat. Jedoch können Edelgase wie Helium (wichtig da $^{4}_{2}He^{2+}$ Alphateilchen sind) nicht beschleunigt werden, da sie nicht negativ geladen werden können, was für den ersten Beschleunigungsschritt notwendig ist. Beschleuniger dieser Art erreichen Energien von die ebenfalls noch im MeV Bereich liegen, wie aber schon erwähnt durch die doppelte Beschleunigung erheblich höhere als einfache Van-de-Graaff-Beschleuniger (z.B.: Maier-Leibniz-Laboratorium ≈ 44 MeV). [29] [30] [31][32]

Zu Beginn waren Van-de-Graaff-Beschleuniger eine der wenigen Quellen für beschleunigte Teilchen. Er wurde zur ‚Herstellung' von Röntgenstrahlung, sowie zu ersten Atomkollisionen genutzt. Jedoch war er nicht lange von großer Bedeutung, da schnell effizientere und Beschleuniger mit höheren Energien konstruiert wurden. Daher werden Van-de-Graaff-, sowie Tandembeschleuniger heute hauptsächlich zur Schulung in Universitäten eingesetzt[33] (Standorte in Deutschland: z.B.: Rosenau-Beschleuniger der Universität Tübingen; Maier-Leibniz-Laboratorium der Universität München oder AMS C-14 Labor der Universität Erlangen-Nürnberg). Bei letzterer wird der dortige Tandembeschleuniger zur Massenspektrometrie von Kohlenstoffproben verwendet (Radiokarbonmethode).[34] In Tübingen

[25] Diebold, Sebastian: Diebold, Sebastian: Bestimmung der Stöchiometrie supraleitender Proben mittels Rutherford-Rückstreu-Spektrometrie, 2010, Seite 11/12

[26] http://www.hzdr.de/pls/rois/Cms?pOid=14033 (09.01.2016)

[27] http://wlab.yale.edu/about-us/history (09.01.2016)

[28] http://blogs.helmholtz.de/beamon/2014/08/heisse-stripperfolien-und-andere-materialien-fuer-fair/ (09.01.2016)

[29] http://www.bl.physik.uni-muenchen.de/tandem/besucherinfo/tandemprinzip/index.html (09.01.2016)

[30] https://de.wikipedia.org/wiki/Tandembeschleuniger (09.01.2016)

[31] http://www.14c.uni-erlangen.de/ams/tandembeschleuniger.html (09.01.2016)

[32] http://www.bl.physik.uni-muenchen.de/tandem/strahlzeitplan/vorherige/szlan0415.pdf (09.01.2016)

[33] http://www.imagesco.com/articles/high-voltage/van_de_graaf.html (10.01.2016)

[34] http://www.14c.uni-erlangen.de/ams.html (10.01.2016)

werden beispielsweise Entwicklungen des Instituts für Astronomie und Astrophysik auf ihre Weltraumtauglichkeit getestet. [35]

2.1.2 Wiederøe-Beschleuniger

Der Widerøe-Beschleuniger wurde 1928 von Rolf Widerøe patentiert. Im selben Jahr wurde der erste Beschleuniger dieser Art an der RWTH in Aachen errichtet. Im Gegensatz zu den oben genannten Beschleunigern werden hier die Teilchen nicht mit einer Gleichspannung beschleunigt, sondern mit einer Hochfrequenzwechselspannung.[36]

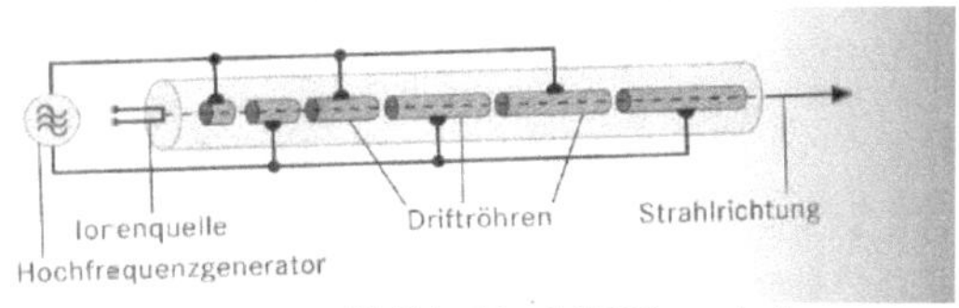

Abbildung 4 Gaede, Peter-Matthias (Hrsg.): GEO Themenlexikon Band , 2007, Seite 694

Das Strahlrohr besteht im Wesentlichen aus Driftröhren. Diese Driftröhren sind mit einem Hochfrequenzgenerator verbunden, welcher jeweils jede zweite Driftröhre entweder positiv oder negativ auflädt. Beschleunigt werden die Teilchen nur in den Räumen zwischen den einzelnen Röhren, da die Röhren selbst wie Faradaysche Käfige wirken.

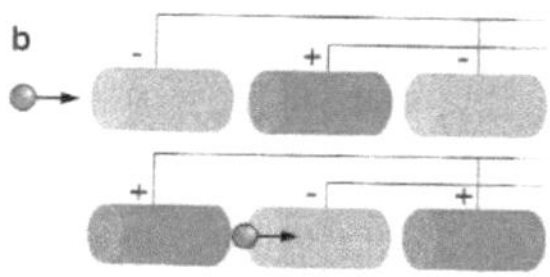

Abbildung 5 . Lemmer, Boris: Bis(s) ins Innere des Protons, 2014, Seite 152, Abb. 4.2b

Beim Beschleunigungsprozess wird nun durch ein Gleichspannungsfeld das Projektil aus der Ionenquelle in die erste Driftröhre hineinbeschleunigt. Diese besitzt beim Eintritt des Teilchens die entgegengesetzte Polung als das Teilchen selbst. Während das Projektil durch die Driftröhre wandert, werden alle Driftröhen umgepolt. Würde dies nicht geschehen, würde das Teilchen bis zur nächsten Driftröhre wieder abgebremst werden. Dieses Umpolen geschieht aus steuerungstechnischen Gründen immer mit der gleichen Frequenz. Daher müssen die Driftröhren mit zunehmender Geschwindigkeit immer länger werden, da sonst das Projektil sich schon im Raum zwischen den Röhren sich befindet, während diese noch nicht umgepolt worden sind. Dies würde wieder eine bremsende Wirkung auf die Teilchen haben. [37]

Diese einfache Form des Linearbeschleunigers kann Strahlen maximal Energien von 2 MeV erzeugen. Die Frequenzen, die hierfür verwendet werden, liegen im niedrigen Megaherz-Bereich. Außerdem kann er wie jeder Wechselstrom-Linearbeschleuniger nur ‚Pakete' von Teilchen beschleunigt werden, was wiederum an den Umpolungen liegt.[38][39]

Um höhere Strahlenergien zu erreichen, wird ein etwas anderes Prinzip eingesetzt. Diese Art Beschleuniger besitzen - anstatt einfacher Driftröhren - sogenannte Kavitäten (Hohlraumresonatoren). In diese werden elektromagnetische Wellen eingespeist, welche durch die Form der Kavitäten zur Resonanz angeregt werden. Dadurch bildet sich im Inneren einer Kavität eine stehende Welle aus.

Für die Beschleunigung von Teilchen muss die Richtung des elektrischen Feldes entlang der Strahlstrecke liegen, um das Teilchen zu beschleunigen. Hierfür wird eine spezielle Art von einer

---

[35] Diebold, Sebastian; Development and Testing of Instrumentation for Space-Based Ultraviolet and X-Ray Astronomy, 2015, Abstract

[36] Gaede, Peter-Matthias (Hrsg.): GEO Themenlexikon Band , 2007, Seite 694

[37] Lemmer, Boris: Bis(s) ins Innere des Protons, 2014, Seite 152-154

[38] https://en.wikipedia.org/wiki/Linear_particle_accelerator (10.01.2016)

[39] Gaede, Peter-Matthias (Hrsg.): GEO Themenlexikon Band 7, 2007, Seite 694

elektromagnetischen Welle benötigt. Sie bezeichnet man als TM_{010}-Mode. Dies bedeutet, dass das elektromagnetische Feld in der Kavität ein magnetisches Feld hat, welches im Falle des TM_{010}-Mode ein Wirbelfeld um das elektrische Feld bildet. Dadurch, dass es keine Magnetfeldkomponente in die Richtung des elektrischen Feldes gibt, rührt die Bezeichnung TM her. Es bedeutet *transverse magnetic*, also quer-gerichtetes magnetisches Feld. Die Zahlen 010 bezeichnen die genauen Proportionen der elektromagnetischen Welle in der Kavität. Die erste Null steht hierbei für die Anzahl der vollperiodischen Abweichungen in transversaler Richtung, die zweite Null für die Anzahl der halbperiodischen Abweichungen in longitudinaler Richtung. Die Eins sagt aus, dass die longitudinale Komponente (TM → elektrische Welle) einmal die Nullebene schneidet, was bedeutet, dass sich in der Kavität genau eine Periode der Welle befindet. Die Stärke des elektrischen Feldes ist zu jedem Zeitpunkt unterschiedlich, sie oszilliert.[40]

Das elektrische und magnetische Feld, welches sich durch die TM_{010}-Welle bildet, wird in Abbildung 6 dargestellt. Das elektrische Feld zeigt in die Papierebene hinein, während das magnetische Feld ein Radialfeld um das elektrische Feld bildet. Das B-Feld sorgt hier zusätzlich für den Effekt, dass Teilchen, welche sich vom Strahl wegbewegen, wieder in die Mitte abgelenkt werden.

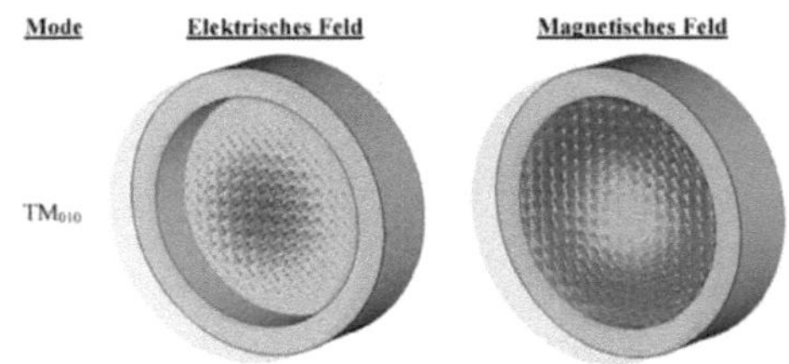

Abbildung 6

http://www-elsa.physik.uni-bonn.de/Lehrveranstaltungen/FP-E106/E106-Erlaeuterungen.pdf, Seite 38 (16.01.16)

Dadurch, dass das elektrische Feld oszilliert, können wie bei beim Widerøe-Beschleuniger nur ‚Pakete' beschleunigt werden. Diese müssen so in die Karvität einteten, dass das beschleunigende elektrische Feld gerade die richtige Richtung besitzt, da sie sonst abgebremst werden würden. [41]

Die Frequenz der elektromagnetischen Wellen liegt im Bereich von hunderten Megahertz. So arbeitet zum Beispiel der UNILAC der GSI in Darmstadt mit einer Frequenz von 108 MHz[42] oder die beschleunigenden Einheiten am LHC des CERN, welche ebenfalls Karvitäten sind, mit einer Frequenz von 400 MHz.[43] Die Linearbeschleuniger dieser Art erreichen Energien in der Größenordnung von MeV (z.B.: LINAC 2 am CERN: 50 MeV).[44]

2.2 Kreisförmige Beschleuniger

Kreisförmige Beschleuniger werden benötigt, da man bei Linearbeschleunigern schnell auf Probleme stößt. Diese sind zum einen bei Gleichspannungsbeschleunigern die maximal erreichbare Spannung oder bei Wechselspannungsbeschleunigern die Länge der Driftröhrchen. Derart lange Beschleuniger werden natürlich immer teurer. Der bisher längste Linearbeschleuniger ist der SLAC (Stanford Linear Akzelerator) und hat eine Länge von circa 3,2 Kilometern.

---

[40] http://arxiv.org/pdf/1111.4897.pdf (16.01.16), Seite 12
[41] http://www.weltmaschine.de/news/ask_an_expert/23062010/ (16.01.16)
[42] https://de.wikipedia.org/wiki/Universal_Linear_Accelerator (16.01.16)

[43] http://www.weltmaschine.de/news/ask_an_expert/23062010/ (16.01.2016)
[44] http://www.lhc-facts.ch/index.php?page=linac (16.01.16)

2.2.1 Zyklotron

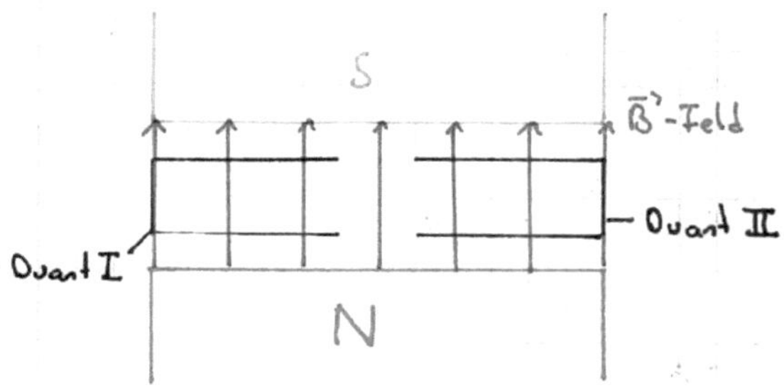

Abbildung 7 eigene Zeichnung, basierend auf http://www.didaktik.physik.uni-muenchen.de/elektronenbahnen/b-feld/anwendung/zyklotron.php (16.01.16)

Das Zyklotron wurde 1931 von Ernest O. Lawrence entwickelt. Aufgrund der relativ niedrigen Energien, welche von Zyklotrons erreicht werden können, werden sie nur noch selten zur Forschung eingesetzt. Sie finden ihre Anwendung meist als Vorbeschleuniger oder aufgrund ihrer kompakten Bauweise als medizinische Einrichtungen zur Strahlentherapie oder Radionukliderzeugung, welche zum Beispiel als ‚Tracer' in der Positronen-Emissions-Tomographie dienen. [45]

Ein Zyklotron besteht im Wesentlichen aus zwei Magneten, welche ein zeitlich konstantes, homogenes Feld aufbauen. Zwischen ihnen liegen zwei Duanten, welche ähnliche Funktionen wie die Driftröhren bei einem Linearbeschleuniger haben: Sie sind ebenfalls an eine Wechselspannung angeschlossen und bewirken so im Zwischenraum zwischen ihnen eine Beschleunigung. In ihnen selbst ist wie in den Driftröhren ein (elektrisch)feldfreier Raum. Dadurch findet hier keine Beschleunigung statt.

Die Teilchenquelle des Zyklotrons befindet sich im Zentrum, zwischen den beiden Duanten. Werden nun Projektile in den Beschleuniger eingebracht, werden diese zunächst in einen Duanten hinein beschleunigt. Dort wirkt dann die magnetische Komponente der Lorentzkraft auf das Teilchen und zwingt es auf eine Kreisbahn. Den Radius dieser Kreisbahn kann man mit der umgestellten Formel (3) berechnen:

$$r = \frac{vm}{Bq} \quad (4)$$

Hieraus wird ersichtlich, dass wenn das Teilchen nach einem Halbkreis im einen Duanten, mit der nun umgepolten Spannung wieder beschleunigt wird, die Kreisbahn wieder größer werden muss, da die Geschwindigkeit v sich vergrößert hat, während die magnetische Flussdichte B, die Masse m und die Ladung q konstant bleiben. So wächst die Strecke, die das Teilchen zwischen den Beschleunigungsphasen immer an, sodass die Wechselstromfrequenz konstant gehalten werden kann. Hat nun ein Teilchen den Rand des Zyklotrons erreicht, wird es durch eine Elektrode aus dem Beschleuniger ausgekoppelt. [46]

Einfache Zyklotrons eignen sich nur für Beschleunigungen von bis ungefähr einem Zehntel der Lichtgeschwindigkeit. Danach wird wächst die relativistische Massenzunahme (spezielle Relativitätstheorie) zu stark an, dadurch wächst nach (4) auch der Radius stärker an als bei einfacher Geschwindigkeitszunahme. Infolgedessen benötigt das Teilchen etwas länger, um die Strecke im Duanten zurückzulegen und kommt infolgedessen phasenverschoben im Zentrum an, was eine

[45] https://en.wikipedia.org/wiki/Cyclotron#Usage (16.01.16)

[46] http://www.didaktik.physik.uni-muenchen.de/elektronenbahnen/b-feld/anwendung/zyklotron.php (16.01.16)

Bremswirkung verursachen würde. Um doch höhere Energien mit Zyklotrons zu erreichen, wurden Sychrozyklotrons entwickelt. Sie passen die Wechselstromfrequenz der Umlauffrequenz an, sodass die Projektile nicht mehr phasenverschoben in der Beschleunigungszone ankommen und so die Beschleunigung bis etwa 1 GeV problemlos ablaufen kann.[47]

2.2.2 Synchrotron

Bei einem Synchrotron, welches 1945 von Mattison McMillan entwickelt wurde, werden die Projektile, im Gegensatz zum Zyklotron, auf einer konstanten Bahn gehalten. Wie anhand Gleichung (4) ersichtlich ist, muss, wenn der Radius auf dem sich das Teilchen bewegt während es beschleunigt wird (v [und ab hohen Geschwindigkeiten auch m] wächst), gleichbleiben soll, muss die magnetische Flussdichte B auch mit wachsen.

Die zu beschleunigenden Teilchen müssen bei einem Synchrotron zunächst durch einen Vorbeschleuniger (meist Linearbeschleuniger) vorbeschleunigt werden. Dies hat den Grund, dass im Synchrotron selbst keine Ionenquelle verbaut werden kann, da diese den Strahl bei seinen Umläufen behindern würde. Die vorbeschleunigten Projektile werden mithilfe eines Injektionsmagneten in die Teilchenbahn eingespeist. Der Betrag der magnetischen Flussdichte der Ablenkmagneten muss zu diesem Zeitpunkt genau auf die Teilchenenergie eingestellt sein, damit die Teilchen in der Bahn gehalten werden. Der Weg der Teilchen führt weiter über die Ablenkmagnete auf die nicht kreisförmige Beschleunigungsstecke. Dort werden sie meist mithilfe von Kavitäten, wie in Kapitel 2.1.2 beschrieben, beschleunigt bevor sie wieder auf die Kreisbahn gelenkt werden. Aufgrund dieser Beschleunigungsstecken ist ein Synchrotron nie perfekt kreisrund. An den meisten Synchrotrons sind mehrere solcher Beschleunigungsstrecken verbaut. Während der Beschleunigungsphase muss neben, wie oben beschrieben, der magnetischen Flussdichte der Dipolmagnete auch die Frequenz des elektromagnetischen Feldes in den Kavitäten erhöht werden, da die Projektile natürlich je schneller sie werden weniger Zeit für einen Orbit benötigen und so phasenverschoben ankommen würden, wenn die Frequenz nicht angepasst werden würde. [48] [49] [50]

Nach Beendigung des Beschleunigungsprozess wird der Strahl mit einem sogenannten Ejektionsmagneten aus der Bahn hinaus gelenkt und zu den Anwendungen geschickt.

Die Energien, welche mit Synchrotrons erreicht werden können, hängen von der verwendeten Strahlsorte ab. Bei Elektronen als Projektile werden Energien ab 10 GeV unwirtschaftlich. Dies liegt an der Synchrotronstrahlung. Die Formel, mit welcher der Energieverlust eines Teilchens berechnet werden kann, lautet:

$$\frac{\Delta E}{E} = k * \frac{E^4}{r * m^4} \quad (5)$$

Hierbei ist ersichtlich, dass wenn die Teilchenenergie E ansteigt, der Energieverlust mit der vierten Potenz davon steigt. Zudem ist bei leichten Teilchen der Energieverlust höher als bei schwereren Teilchen. So ist der Energieverlust für Elektronen gegenüber Protonen bei gleicher Energie etwa um den Faktor 10^{13} höher.[51]

---

[47] Gaede, Peter-Matthias (Hrsg.): GEO Themenlexikon Band 8, 2007, Seite 1343/1344

[48] https://en.wikipedia.org/wiki/Synchrotron#Injection_procedure (17.01.16)

[49] Gaede, Peter-Matthias (Hrsg.): GEO Themenlexikon Band 8, 2007, Seite 1177

[50] http://erlangen.physicsmasterclasses.org/exp_besch/exp_besch_06.html (17.01.16)

[51] Lemmer, Boris: Bis(s) ins Innere des Protons, 2014, Seite 186

Die stärksten Elektronen-Synchrotrone liefern deshalb Energien bis zu den obengenannten Größenordnungen. Beispiele sind hier das Deutsche Elektronen Synchrotron II (DESY II) in Hamburg mit einer Maximalenergie von etwa 6 GeV[52] oder das französische SOLEIL mit einer Maximalenergie von 2,75 GeV.[53] Am DESY wird die anfallende Synchrotronstrahlung beispielsweise genutzt, um Röntgenstrahlung mit hoher Brillanz zu erstellen und so beispielsweise sehr kleine Proben zu untersuchen (PETRA III-Experiment).[54]

Da bei Ionenbeschleunigern der Energieverlust deutlich geringer ist, können hier wesentlich höhere Energien erreicht werden. So ist der größte Teilchenbeschleuniger der Welt, der Large Hardron Collider am CERN ein Synchrotron, mit einer Maximalenergie von 7 TeV bei Protonen. Kleinere Synchrotrone werden beispielsweise in der Strahlentherapie eingesetzt. So zum Beispiel am Heidelberger Ionenstrahl-Therapiezentrum. Das dortige Synchrotron erreicht je nach Teilchenart Energien von 221 MeV bei Protonen bis zu 5,2 GeV bei Kohlenstoffionen.[55]

3. CERN

Das Conseil Européen pour la Recherche Nucléarie wurde 1954 gegründet. Es liegt an der französich-schweizerischen Grenze in der Nähe von Genf. Es hat heute 21 Mitgliedsstaaten, von welchen Deutschland am meisten Geld zur Verfügung stellt (etwa $\frac{1}{5}$ des Gesamtetats). Generaldirektorin ist seit Januar 2016 Fabiola Gianotti. Insgesamt arbeiten am CERN über 8000 Wissenschaftler.[56]

Am CERN befinden sich insgesamt neun Teilchenbeschleuniger, darunter der Large Hardron Collider, welcher mit einem Umfang von 27 km der größte Ringbeschleuniger ist. An den Beschleunigern befinden sich insgesamt über 25 Experimente. Die größten befinden sich am LHC selbst und untersuchen die Kollisionen von Protonen (ATLAS und CMS) und Bleiionen (ALICE). Andere Experimente wie zum Beispiel ALPHA untersuchen Antiteilchen oder CNGS Neutrinos und ihre Wechselwirkungen.[57] [58] [59]

3.1 Beschleunigungsprozess

Der Beschleunigungsprozess beginnt, je nach Teilchensorte an einem anderen Linearbeschleuniger. Für Protonen beginnt dieser im LINAC II, welcher die Protonen auf eine Energie von 50 MeV beschleunigt.[60] Hier werden alle 1,2 Sekunden ein ‚Protonenpäckchen' (Bunch) beschleunigt, welche jeweils etwa $1{,}5 * 10^{11}$ Protonen umfassen[61]. Dieser Rhythmus ist so gewählt, weil der darauffolgende Beschleuniger, der Proton Synchrotron Booster genau so lange braucht, um ein Bunch aufzunehmen, zu beschleunigen und wieder abzugeben. Die Protonen haben nach diesem Beschleuniger eine Energie von 1,4 GeV.[62] [63]Nach dem Booster gibt es die ersten Ausgänge zu Experimenten, zum Beispiel ISOLDE,

---

52 http://desy2.desy.de/ (17.01.16)

53 http://www.synchrotron-soleil.fr/portal/page/portal/SourceAccelerateur/ParametresPrincipaux (17.01.16)

54 http://petra3.desy.de/ (17.01.16)

55 https://de.wikipedia.org/wiki/Heidelberger_Ionenstrahl-Therapiezentrum (17.01.16)

56 http://www.weltmaschine.de/cern_und_lhc/cern/ (23.01 16)

57 http://home.cern/about (23.01.16)

58 http://home.cern/about/experiments (23.01.16)

59 http://home.cern/about/accelerators (23.01.16)

60 http://home.cern/about/accelerators/linear-accelerator-2 (23.01.16)

61 http://lhc-machine-outreach.web.cern.ch/lhc-machine-outreach/beam.htm (23.01.16)

62 http://home.cern/about/accelerators/proton-synchrotron-booster (24.01.16)

63 http://buchlink6.borislemmer.de/ (24.01.16)

die meisten Protonen werden aber in das Proton Synchrotron eingespeist. Der letzte oberirdische Beschleuniger bringt die Protonen auf Energien von bis zu 25 GeV.[64] Nach dem Proton Synchrotron gibt es wieder die Möglichkeit, die Protonen Experimenten zuzuführen, beispielsweise dem Neutronenexperiment n-ToF oder in den Antiprotonen Decelerator. Die nicht genutzten Protonen jedoch werden in das Super Protonen Synchrotron geleitet, dem letzten Vorbeschleuniger vor dem LHC. Er beschleunigt die Protonen auf Energien von 450 GeV. Die so beschleunigten Protonen werden zum einen wieder Experimenten bereitgestellt (z.B.: CNGS oder COMPASS) oder an den LHC weitergegeben. Im Super Protonen Synchrotron wurden 1983 die W- und Z-Bosonen (Übertragungsteilchen der schwachen Kraft) nachgewiesen, als der SPS noch als Proton/Antiproton Beschleuniger betrieben wurde. [65]

Nun haben die Protonen ihre ‚Endstation' erreicht, den Large Hardron Collider, welcher der bisher größte und leitungsfähigste der Welt ist. In ihm werden pro Strahl 2808 Protonen Bunches gesammelt, welche dann auf 4 TeV (vor dem Umbau ab 2013) und seit Abschluss der Umbauarbeiten 2015 auf 7 TeV beschleunigt werden. Die Dipolmagnete, welche die Protonen auf der Bahn halten, erzeugen eine maximale magnetische Flussdichte von 8,33 Tesla. Dieser Wert kann nur erreicht werden, da sie das Magnetfeld mit supraleitenden Spulen erzeugen, welche mit flüssigem Helium auf 1,9 Kelvin heruntergekühlt werden. Am gesamten LHC gibt es über 9500 Magnete, jedoch nur acht beschleunigende Kavitäten. Dies reicht aus, da die Protonen etwa 11 000 Mal pro Sekunde den gesamten LHC durchlaufen. Werden sie in einem der Experimente zur Kollision gebracht, kollidieren etwa 600 Millionen Protonen pro Sekunde.[66] Mithilfe dieser Kollisionen gelang es 2012 den Experimenten ATLAS und CMS ein Teilchen nachzuweisen, was mit seiner Masse (~126 GeV) dem von Peter Higgs und François Englert vorausgesagten Teilchen entsprach. Sie erhielten dafür 2013 den Nobelpreis für Physik.[67]

Alternativ können am CERN auch Ionen beschleunigt werden. Für diese beginnt der Beschleunigungsprozess am LINAC III, welcher die Ionen auf 4,2 MeV pro atomarer Masseneinheit beschleunigt.[68] Der erste Ringbeschleuniger für die Ionen ist der Low Energy Ion Ring. In ihm werden zunächst die Ionen Bunches aus dem LINAC 3 aufgeteilt, sodass diese noch etwa $2{,}2 * 10^8$ Ionen enthalten. Nach einer etwa 2,5 Sekunden dauernden Beschleunigungsphase, wenn die Ionen Energien von 72 MeV erreicht haben, werden sie in das Protonen Synchrotron weitergeleitet.[69] Von dort gelangen sie wie die Protonen über das Super Protonen Synchrotron in den LHC, wo sie letztendlich eine Energie von 2,76 TeV/u erreichen. Die meisten Ionen werden am ALICE-Experiment zur Kollision gebracht, welches die Eigenschaften des Quark-Gluonen-Plasmas untersucht, das bei der Kollision entsteht. Dies ist ein ähnlicher Zustand, wie er kurz nach dem Urknall geherrscht haben soll. [70]

---

[64] http://home.cern/about/accelerators/proton-synchrotron (23.01.16)
[65] http://home.cern/about/accelerators/super-proton-synchrotron (23.01.16)
[66] http://cds.cern.ch/record/1165534/files/CERN-Brochure-2009-003-Eng.pdf (23.01.16)
[67] http://home.cern/topics/higgs-boson (23.01.16)
[68] http://www.lhc-facts.ch/index.php?page=linac (23.01.16)
[69] http://home.cern/about/accelerators/low-energy-ion-ring (23.01.16)
[70] http://cds.cern.ch/record/1165534/files/CERN-Brochure-2009-003-Eng.pdf (23.01.16)

4. Praktikum am Rosenau-Beschleuniger der Universität Tübingen (BOGY)

Ich habe im Rahmen von der BOGY am Kernphysikalischen Kompaktpraktikum am Rosenau-Beschleuniger der Universität Tübingen teilgenommen. Nach einem Tag, an welchem die theoretischen Grundlagen gelegt worden sind, begannen wir am zweiten Tag mit den ersten Versuchen, in welchen wir die später verwendeten Silizium-Sperrschicht-Detektoren, sowie die benötigten Vor- und Hauptverstärker testeten. Danach begannen wir die Detektoren in die D-Streukammer am Strahlrohr 2 einzubauen. Da wir den Rutherford'schen Streuversuch durchführen wollten, mit der Streuung von Alphateilchen und Protonen an Gold und Kohlenstoff und hierbei möglichst viele Streuwinkel untersuchen wollten, ohne zwischen den einzelnen Beschüssen die Streukammer belüften zu müssen, wurden die Detektoren auf einen beweglichen Arm montiert, mit welchem man alle Winkel zwischen 30° und 140° zum Strahl hin einstellen konnte (Abbildung 8). Nun wurde die Targetleiter eingebaut, auf welcher ein Target eingebaut wurde, welches aus ^{197}Au $(\sim 1 \ldots 100 \frac{\mu g}{cm^2})$, sowie einer Mischung aus ^{13}C und ^{12}C $(\sim 10 \ldots 100 \frac{\mu g}{cm^2})$ bestand. Nach Tests, ob sich die Targetleiter und der Detektorarm sich einwandfrei bewegen lassen, wurde die Kammer geschlossen und anschließend über Nacht evakuiert. Dann wurde begonnen die Detektoren an die Ausleseelektronik anzuschließen.

Abbildung 8 Arm ohne eingebaute Detektoren; eigene Aufnahme

Am nächsten Tag wurde mit den Messungen begonnen.
Der erste Versuch war die Streuung von Alphateilchen an dem Gold-Target. Dazu wurde zunächst der Alphateilchenstrahl auf 20 nA und 1,5 MeV eigestellt. Parallel dazu mussten wir mithilfe des PCs den erwarteten Wirkungsquerschnitt für alle Winkel, welche wir testen wollten, berechnen.

Nun begannen die Versuche mit dem geringsten Laborwinkel (30°), also fast in Strahlrichtung. Für die Messungen wurde jeweils immer ein Spektrum aufgenommen. Ein solches ist in Abbildung 9 zu sehen, hier erkennt man zwei Peaks, der Linke repräsentiert die Streuung an den Kohlenstoffatomen, während der Rechte zur Streuung an den Goldatomen gehörte. Beim Kohlenstoffpeak kann man bei dieser Abbildung schon die zwei Isotope im Target erahnen, da links vom Hauptpeak ein weiterer kleiner Peak zu sehen ist.

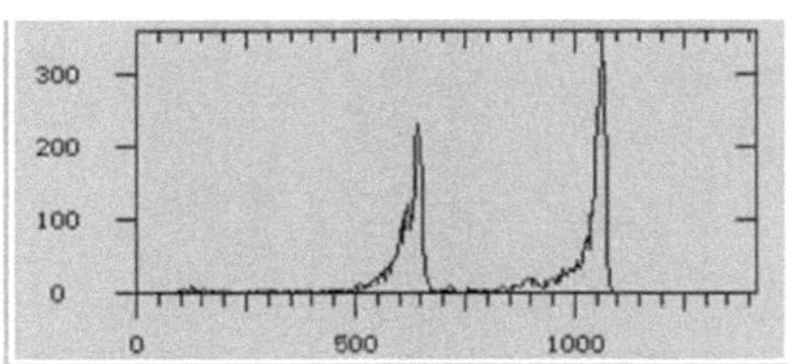

Abbildung 9 Steuung von Alphateilchen bei einem Laborwinkel von 80°

Mithilfe dieser Spektren wurde für jeden Laborwinkel von 30° bis 140° (10°-Schritte) Anzahl der Streuungen relativ zur Strahlstärke aufgezeichnet und in einer Exceltabelle mit den zuvor berechneten Werten verglichen (Anhang 2).

Dieselben Messungen wurden am Tag darauf noch mit Protonen als Projektilen durchgeführt.

5. Literaturverzeichnis

5.1 Bücher

Diebold, Sebastian: Bestimmung der Stöchiometrie supraleitender Proben mittels Rutherford-Rückstreu-Spektrometrie, 2010

Diebold, Sebastian; Development and Testing of Instrumentation for Space-Based Ultraviolet and X-Ray Astronomy, 2015

Gaede, Peter-Matthias (Hrsg.): GEO Themenlexikon Band 6, 2007, Gruhner + Jahr; Hamburg

Gaede, Peter-Matthias (Hrsg.): GEO Themenlexikon Band 7, 2007, Gruhner + Jahr; Hamburg

Gaede, Peter-Matthias (Hrsg.): GEO Themenlexikon Band 8, 2007, Gruhner + Jahr; Hamburg

Lemmer, Boris: Bis(s) ins Innere des Protons, 2014, Springer; Berlin Heidelberg

5.2 Applikationen/Podcasts

Klein, Holger: Resonator – der Forschungspodcast der Helmholtz-Gemeinschaft Folge 36 ‚Schwerionenforschung'

Merck PSE

5.3 Internet

http://arxiv.org/pdf/1111.4897.pdf (16.01.16)

http://blogs.helmholtz.de/beamon/2014/08/heisse-stripperfolien-und-andere-materialien-fuer-fair/ (09.01.2016)

http://buchlink6.borislemmer.de/ (24.01.16)

http://cds.cern.ch/record/1165534/files/CERN-Brochure-2009-003-Eng.pdf (23.01.16)

http://desy2.desy.de/ (17.01.16)

http://erlangen.physicsmasterclasses.org/exp_besch/exp_besch_06.html (17.01.16)

http://home.cern/about (23.01.16)

http://home.cern/about/accelerators (23.01.16)

http://home.cern/about/accelerators/linear-accelerator-2 (23.01.16)

http://home.cern/about/accelerators/low-energy-ion-ring (23.01.16)

http://home.cern/about/accelerators/proton-synchrotron (23.01.16)

http://home.cern/about/accelerators/proton-synchrotron-booster (24.01.16)

http://home.cern/about/accelerators/super-proton-synchrotron (23.01.16)

http://home.cern/about/experiments (23.01.16)

http://home.cern/topics/higgs-boson (23.01.16)

http://homepages.physik.uni-muenchen.de/~Otmar.Biebel/beschleuniger/beschleuniger_14.pdf (08.01.2016)

http://lhc-machine-outreach.web.cern.ch/lhc-machine-outreach/beam.htm (23.01.16)

http://petra3.desy.de/ (17.01.16)

http://universal_lexikon.deacademic.com/142066/Feldionisation (02.01.2016) http://wlab.yale.edu/about-us/history (09.01.2016)

http://www.14c.uni-erlangen.de/ams.html (10.01.2016)

http://www.14c.uni-erlangen.de/ams/tandembeschleuniger.html (09.01.2016)

http://www.bl.physik.uni-muenchen.de/tandem/besucherinfo/tandemprinzip/index.html (09.01.2016)

http://www.bl.physik.uni-muenchen.de/tandem/strahlzeitplan/vorherige/szlan0415.pdf (09.01.2016)

http://www.didaktik.physik.uni-muenchen.de/elektronenbahnen/b-feld/anwendung/zyklotron.php (16.01.16)

http://www.hzdr.de/pls/rois/Cms?pOid=14033 (09.01.2016)

http://www.imagesco.com/articles/high-voltage/van_de_graaf.html (10.01.2016)

http://www.lhc-closer.es/taking_a_closer_look_at_lhc/0.proton_source (02.01.2016)

http://www.lhc-facts.ch/index.php?page=linac (16.01.16)

http://www.lhc-facts.ch/index.php?page=linac (23.01.16)

http://www.lhc-facts.ch/index.php?page=quadrupol (08.01.16)

http://www.physics.csbsju.edu/370/thermionic.pdf (30.12.15)

http://www.synchrotron-soleil.fr/portal/page/portal/SourceAccelerateur/ParametresPrincipaux (17.01.16)

http://www.weltmaschine.de/cern_und_lhc/cern/ (23.01.16)

http://www.weltmaschine.de/cern_und_lhc/lhc/zahlen_und_fakten/ (17.01.16)

http://www.weltmaschine.de/news/ask_an_expert/23062010/ (16.01.16)

http://www3.kis.uni-freiburg.de/~ovdluhe/Lehre/Einfuehrung_Physik_I/material/EP1_Waerme_01_BW.pdf (30.12.15)

http://www-elsa.physik.uni-bonn.de/Lehrveranstaltungen/FP-E106/E106-Erlaeuterungen.pdf, Seite 38 (16.01.16)

https://de.wikipedia.org/wiki/Elektronenk%C3%BChlung (08.01.16)

https://de.wikipedia.org/wiki/Heidelberger_Ionenstrahl-Therapiezentrum (17.01.16)

https://de.wikipedia.org/wiki/Tandembeschleuniger (09.01.2016)

https://de.wikipedia.org/wiki/Universal_Linear_Accelerator (16.01.16)

https://en.wikipedia.org/wiki/Cyclotron#Usage (16.01.16)

https://en.wikipedia.org/wiki/Linear_particle_accelerator (10.01.2016)

https://en.wikipedia.org/wiki/Synchrotron#Injection_procedure (17.01.16)

https://upload.wikimedia.org/wikipedia/en/thumb/0/07/Magnetic_field_of_an_idealized_quadrupole_with_forces.svg/1024px-Magnetic_field_of_an_idealized_quadrupole_with_forces.svg.png (08.01.16)

https://www.gsi.de/forschungbeschleuniger/beschleunigeranlage/ionenquellen/startpunkt_der_gsi_beschleunigeranlage_ionenquellen.htm (02.01.2016)

6. Anhang

Herleitung der Formel:

Ansatz ist das Kräftegleichgewicht zwischen Lorenz-Kraft und Zentrifugalkraft:

$$F_L = F_Z$$

$$q * v * B = m * \omega^2 * r$$

Mit $\omega = \frac{v}{r}$: $q * v * B = m * \frac{v^2}{r}$

Auflösen nach B: $B = \frac{v*m}{r*q}$

Übernommen aus Lemmer, Boris: Bis(s) ins Innere des Protons, 2014, Springer; Berlin Heidelberg, Seite 29